給孩子的
漢字故事繪本

編著 ── 鄭庭胤　　繪圖 ── 陳亭亭

中華教育

給孩子的話

　　小朋友，偷偷告訴你一個祕密，遠在上古時期，我們的老祖先便靠着一代傳一代，將一個大祕寶流傳至今。如此珍貴的寶藏，究竟是來自龍宮的金銀珍珠，還是玉皇大帝的仙丹妙藥呢？答案可能要叫你大吃一驚了，那就是我們生活中無所不在的「漢字」。

　　你可能會很不服氣，說：「這才不是寶藏呢！」但是先別急，試着想像一下，要是沒有文字，這世上會發生甚麼事呢？

　　在古時候，史官靠着手上一枝筆紀錄國家發生的大小事，要是文字消失，歷史也就跟着隱沒在時光中；世上如果沒有文字，我們就沒有課本能夠使用，得在老師講課時，一口氣記下所有知識，可真叫人頭昏眼花！幸好，漢字解決了這些麻煩，就算不必發明時光機器或記憶藥水，我們也能知曉天下事、學習前人的智慧，這麼看來啊，就算說漢字比金銀財寶更加珍貴，也不為過呢！

　　說到這裏，你是不是開始對漢字刮目相看了呢？在這本書裏，邀請到好多漢字朋友來聊聊他們的過去與近況，趕快翻開下一頁，漢字們要開始說故事囉！

目　　錄

duǒ

朵

朵 → 朵

　　為了繁殖下一代，有些植物會開出又大又美麗的花朵，並製造花蜜吸引昆蟲，當蜜蜂蝴蝶鑽進花裏暢飲花蜜時，身上會沾到植物的花粉，於是便不知不覺變成幫忙傳遞花粉的搬運工了。

　　在篆文中，「朵」字畫的是樹木的枝葉、花朵或果實垂下來的模樣，底下是一棵樹木「木」，上面的「乃」則像是掛在樹上沉甸甸的花朵或果實。到了現在，「朵」字大多作為花朵的單位使用。

小教室：

　　除了昆蟲，風也是植物傳播花粉的好幫手。使用風力傳粉的花朵不需要吸引昆蟲，所以它們通常長得不太起眼，卻能一口氣製造出許多又輕又小，適合乘風飛翔的花粉。

竹

𢖩 → 朴 → 艸 → 竹

　　說到竹子，通常我們會先聯想到以竹葉為食的大熊貓，或者平常吃到的竹筍，但在中華文化中，竹子本身可是扮演着相當重要的角色呢！

　　從前，竹子常被當作編織物的材料，用來製作竹蓆、竹簍等日常用具，而在紙張發明以前，竹簡也是最普遍的替代品。

　　「竹」字的甲骨文「𢖩」畫的是竹子下垂的兩根分枝，仔細看，末端是不是很像長了細細長長的竹葉呢？

小教室：

　　「草」的本字在篆文裏寫成「屮」，和「竹」字的篆文「竹」長得很像，兩者只有方向不同而已，這是因為古人觀察到小草的生長方向朝上，竹葉卻總是往下垂。

mǐ

米

⼘⼘⼘ → 尜 → 米 → 米

　　當收成的季節到來，穗梗末端會結滿許多稻米，讓翠綠的稻田看起來像一塊金燦燦的畫布。收割下來的稻穗得去掉外面那層堅硬的皮殼，才會變成晶瑩剔透的白米。

　　甲骨文裏面，「米」字中間畫的是稻穗的梗「一」，四周的小黑點「⼘⼘」則像一粒粒稻穀。演變到篆文時，因為不小心把中間兩顆稻穀連在一起，於是「米」字就漸漸演變成我們現在所見的模樣了。

小教室:

　　稻米是東方常見的主食，幾樣小菜再配上一碗熱呼呼的白飯，就是很棒的一餐了。

　　但你知道嗎？墨西哥人以薄餅為主食，歐洲地區則習慣食用麵包、馬鈴薯，每個地方都各有特色呢！

niú

牛

ㄓ → ㄓ → 半 → 牛

　　在農業社會中，牛是一種相當重要的資產，因為古時候並沒有耕耘機，所以像耕田整地這類粗重的農活，就只能仰賴力氣大的牛幫忙了。

　　「牛」字是個象形文字，畫的是從正面看過去的牛頭，上面長着一對彎曲的牛角「ㄓ」，連在下方的「∨」則代表牛臉的形狀。當文字漸漸演變，牛臉的形狀被拉直成「一」，牛角也省略了一邊，寫成「ㄈ」。

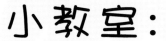

小教室：

　　印度人不吃牛肉，因為在當地，牛被視為一種神聖的動物；而在台灣，為了感謝牛辛苦幫助人們耕田，許多曾在農村生活的人也有着跟印度人相仿的習慣。

　　當我們到了不同的地方，記得可要尊重當地人的風俗習慣喔！

hǔ

虎

魚 → 薈 → 骨 → 虎

　　老虎的特徵就是有着橘、黑相間的毛色，這身漂亮的毛皮讓牠們能完美地隱蔽在草叢間，等到獵物放鬆戒心，老虎便亮出利爪撲過去，用利齒咬住獵物。

　　「虎」字的甲骨文「魚」畫出老虎的側面，有鋒利的爪子、花紋，以及一張血盆大口。

小教室：

　　街上出現老虎了！要是忽然有誰這樣喊，一定沒有人會相信，但如果陸續有人說看到了老虎，大家就會開始半信半疑。這就是「三人成虎」的意思，表示謠言只要一再重複，就可能使人信以為真。

13

兔

兔 → 兔 → 兔

　　兔子是一種小型的草食哺乳動物，長着一對長耳朵，還有一雙擅長跳躍的強勁後腿，這些特點讓兔子能聽見遠方的動靜，在發覺危險時加速逃跑，躲避天敵的捕食。

　　「兔」字的甲骨文是按照兔子的模樣所畫，下面是四條腿，頭上是兔子的長耳朵，連尾巴都詳細畫了出來，我們現在使用的「兔」字，裏面的長頓點「、」就是兔子尾巴的模樣喔！

小教室：

　　古人很早就觀察到，滿月上的圖形像是一隻白兔在搗藥的模樣，所以古詩中常常以「兔」來代稱月亮。

　　抬頭看看月亮，你覺得上面的黑影像是甚麼圖案呢？

nán

男

㽚 → 𤰡 → 𤰖 → 男

　　古代社會有着「男主外，女主內」的觀念，認為女人要待在家中照顧小孩、整頓家務，而男人因為身體比較健壯，就得負責到田裏耕種，養活一家老小。

　　「男」是個會意字，由「田」和「力」兩個部分組合而成，用來表示當時在田裏工作的農耕者，也就是男人的意思。從「男」這個字裏，我們可以看出古人的生活方式，是不是很有趣呢？

小教室：

　　有句俗語說：「男兒有淚不輕彈」，這是指男子漢大丈夫必須堅強，不可以輕易落淚。

　　其實不管男生或女生，都可以在難過的時候表達自己的情緒，不應該因為流眼淚而被人嘲笑。

nǚ

女

女 → 女 → 女 → 女

　「女」就是女子的意思。古代的女性必須遵守嚴格的禮儀，不可以隨意拋頭露面，待在室內的大多數時間還得挺直上半身，用端莊的姿態跪坐。

　「女」字畫的就是一個人交疊雙手，雙膝着地、臀部壓在腿上跪坐的模樣；中華文化圈裏，跪坐的禮儀目前已經很少見了，但在日本、韓國等地方卻還看得到。

　金文的「女」上面多了女子配戴的髮簪「一」，但演變到後來就漸漸失去原本跪坐的姿態，成為我們現在熟悉的「女」字。

小教室：

古代社會有着「男尊女卑」的觀念，但是到了現代，世界各地都出現性別平等的呼聲。不論對方是甚麼性別，我們都要給予一樣的尊重，不可以因為性別而歧視任何一方。

zǐ

子

魙 → 𢀖 → 𠙵 → 子

　　「子」是一個象形文字，甲骨文的「子」字就是根據嬰兒的模樣去造的。上面是嬰兒的腦袋「❽」，而嬰兒剛出生時只有稀疏的頭髮，所以在頭的上方畫了「ıı川」，最底下是嬰兒的兩隻小腳「Ｊㄥ」。

　　剛出生不久的小嬰兒體溫還不穩定，所以人們會用柔軟的布把他們包起來，金文的「子」字寫作「𢀖」，畫的就是小嬰兒的身體被包住，只有兩隻手能上下揮舞的樣子。

小教室：

你曾經去孔廟參拜過嗎？孔子是春秋時期一位偉大的思想家，本名叫做孔丘，古人在稱呼有學問的人時，為了表示尊敬，就會像這樣加上一個「子」字。

hǎi

海

博 → 海 → 海

　　有句成語說「海納百川」，海洋之所以如此廣大，就是因為它容納了成千上萬條江水、河水的緣故。海洋是地球上最大的水體，佔了地表大約百分之七十的面積，所以如果從外太空遙望，地球看起來就像是一顆漂浮在宇宙中的藍色水滴呢！

　　「海」字的左邊是個「水」，用來表示海洋由水組成，右邊則用了「每」當作聲符（用來表示讀音的符號）。

小教室：

　　雖然我們平時都把大海稱為「海洋」，但其實，「海」跟「洋」有着不同的特徵喔！

　　「海」是靠近陸地的水域，顏色較混濁，面積也比洋還要小；「洋」則是離岸邊較遠、也更加遼闊的區域，像是七大洋。

gǔ

谷

谷 → 㑞 → 谷

　　兩山之間有着地勢較低的窪地，山上的泉水會往那個地方流去，形成小溪，眾多的小溪再匯聚成更大的河流，最後注入海洋裏，「谷」字指的就是山嶺之間水流的通道。

　　在甲骨文中，「谷」字上方的「八」畫的是水流的模樣，底下則畫了一個「凵」代表水流的出口，所以「谷」字是把兩個象形字合在一起，畫了澗水從山脈間流出谷口的樣子。

小教室：

　　山谷有坡度，要是不小心跌落可就危險了，所以「谷」字也被當成困境的代表。

　　「進退維谷」指的就是不論前進、後退都相當困難，陷入窘境的意思。

kǒu

口

凵 → 凵 → 口

　　「口」就是我們常說的「嘴巴」，不管是飲食或者發聲，都是透過這個器官來進行。

　　「口」字的外型相當好懂，畫的是嘴巴張開的模樣，兩邊突出的部分就像嘴角，上下則是我們的兩片嘴唇。因為嘴巴是人類用來說話的器官，所以古人在「口」字中加了一橫，造出「曰」字，用來表示說話、言辭的意思，那一橫代表從口中發出的聲音與氣流。

小教室：

酸、甜、苦、鹹、鮮，人類的口腔裏有着豐富的味覺感受器，所以我們能品嘗出各種滋味。

你有特別偏愛的口味嗎？當你遇到不喜歡的口味時，會不會挑食呢？

目

mù

$$\text{罒} \rightarrow \text{罒} \rightarrow \text{目} \rightarrow \text{目}$$

　「目」就是眼睛的意思。眼睛能感受四周的光線，並將這些訊息傳送到大腦產生視覺，使我們感知到周圍的景象。

　「目」這個字是依照眼睛的外形所造，外面圍成一圈的是眼眶，有着形狀狹長的眼角，而中間的圓形部分則像是虹膜，也就是我們平常說的「黑眼球」。

　演變到後來，「目」字由原本的橫向旋轉成直立的，形成現在的字形。

小教室：

你曾經被爸媽叮嚀過要認真讀書，以免成為「目不識丁」的人嗎？

「丁」的筆畫相當簡易，所以「連『丁』字都看不懂」，就被拿來比喻才疏學淺的意思了。

ěr

耳

ᗡ → ᗡ+ → ᗘ → 耳

　　耳朵的構造能接收聲波，產生聽覺，使我們能聽見彼此的對話、聆聽美妙的音樂。

　　「耳」是個象形字，古人對耳朵觀察得相當入微，甲骨文的「耳」字只能看出外耳的輪廓「ᗡ」，但是演變到金文時，「耳」字已經寫實地畫出耳道及耳朵深處的耳膜了。

小教室：

　　古代有個大思想家叫做孟子，他的母親為了把他教育得更出色，不惜搬了三次家，這是因為環境的影響力相當強大，在「耳濡目染」下，足以改變一個人。所以我們要曉得近朱者赤，近墨者黑，結交值得我們學習的朋友。

zú

足

𓀀 → 足 → 足 → 足

　動物行走時，用來支撐身體並與地面接觸的部位就稱為足。

　「足」是個象形字，在甲骨文裏，我們可以看到由粗漸細的大腿和小腿「𓀀」，底下則連着腳掌「𓀀」。演變到金文時，原本代表大腿與小腿的符號被簡化成「○」，腳趾的部分則另外強調出來，寫成「止」。

小教室：

「千里之行始於足下」是比喻不管目標多遙遠，都是由微小的努力累積而成的，就算要走一千公里的路，也必須從邁出第一步開始做起。

小朋友，你有好好完成老師交代的作業嗎？可別輕忽每天的練習喔！

pí

皮

兔 → 𠂤 → 皮

　　「皮」是動物身上最大的器官，覆蓋在身體的表面，保護內部構造不受病菌感染，也能防止水分流失。

　　在金文中，我們可以清楚看見「皮」字下方畫了一隻手「ㄑ」，上方畫的「兔」則是野獸，當兩個圖形合在一起，看起來就像人們捕獲了獵物，正要伸手把獸皮從身上剝下來的模樣。

小教室：

　　「羊質虎皮」是比喻一個人虛有其表，如同綿羊披上老虎皮，就算外表偽裝得兇惡威猛，內心卻還是改不了羊的本性。

　　我們做人必須要表裏如一，不可以因為愛面子而偽裝自己，否則一旦被人戳破，恐怕就會被嘲笑是「羊質虎皮」了。

miàn

面

⟋⟍ → 圎 → 面

　　「面」就是臉孔的意思。眼睛是臉上最明顯的器官，所以在甲骨文裏，「面」字中間畫了眼睛「⟋⟍」作為五官的代表，外面的「◠」則是臉孔的部分。演變到篆文時，「面」字被寫成「圎」，原本表示眼睛的符號被改成人頭「𦣻」，強調人臉的位置在頭部。

小教室：

　　你知道甚麼是「面相學」嗎？古代人認為，只要觀察人的外型和臉色，就可以判斷這個人的個性或者身體狀況，許多的觀察經驗代代累積下來，久而久之，「面相學」就演變成一種傳統學問了，甚至可以用來推測人的命運呢！

手

手 → 屮 → 手

　　有句俗語說：「雙手萬能」，人類有能夠使用工具，或者做出精密動作的雙手。

　　在甲骨文裏，「手」字一般以「又」字來代替，「又」字畫的是一隻手省略兩根指頭的模樣「ㄋ」。但後來「又」字被借去當連接詞使用，才又多加了兩根手指，另外造出「手」字來代表手掌的意思。

小教室：

　　「手足無措」是形容驚慌而無法應付，連手腳都不知道該放哪裏才好的樣子。

　　你曾經碰過令你手足無措的狀況嗎？最後你是怎麼解決問題的呢？

yī

衣

$\text{介} \rightarrow \text{仓} \rightarrow \text{介} \rightarrow \text{衣}$

　　衣服是人類穿在身上，用來裝飾及保持體溫穩定的遮蔽物。現代人把上、下半身的服裝並稱為「衣裳」，但在古代，只有上衣能稱「衣」，下半身穿的服裝則叫做「裳」。

　　從「衣」的甲骨文中，可以發現古人的上衣跟浴袍很像，衣襟左右交疊起來形成「丫」的模樣，兩旁畫着寬敞的衣袖「━━」，最上面則是衣領「∧」。

小教室：

在古裝劇中，皇帝總是穿着華麗的黃衣袍，端坐在龍椅上俯視眾人。

你知道嗎？其實在更久以前，龍袍的顏色五花八門。但到了唐代，皇帝希望黃色能成為皇家專屬的顏色，於是下令其他人都不許以黃色布料做衣服，在這之後「黃袍」就漸漸成為帝王的象徵了。

mén

門

甽 → 門 → 門 → 門

　　現代住家的出入口大部分都只有一片門板，而在古代，這種單扇的門被專稱為「戶」，擁有兩扇門板的出入口則叫做「門」。

　　「門」是古人觀察兩片門板「田」掩在一起的模樣所造，左右兩豎「川」是用來固定門板的門軸，連門框上方的橫木「一」也詳細畫出來。

42

小教室：

　　古時候男女結婚可不像現在這麼自由，非常講究「門當戶對」，如果兩家的地位跟家境相差太遠，婚事可就談不成了。

　　試着想想看，我們生在現代，有甚麼觀念已經跟古人大不相同了呢？

刀

$\int \rightarrow \int \rightarrow \bar{\jmath} \rightarrow 刀$

　　具有利刃，能夠拿來砍、削物品的工具就稱之為「刀」。

　　「刀」字是依照刀子的模樣所造，在甲骨文中，「刀」字的最上方畫着讓人能夠手持的刀柄，左邊突出的一撇代表會割人的刀鋒，右邊一撇則是刀背，意即刀子沒有開鋒的部分。

　　「刀」也被當成一個部首使用，與刀有關的字常會加上「刂」的偏旁，如「刑」、「削」。

小教室：

刀子有着鋒利的外表，所以我們得學會妥善運用，才不會造成危險。

把剪刀交給別人的時候，記得先握住刀身，再把握柄轉向對方，慢慢地遞過去喔！

xíng / háng

行

彳 → 行 → 行 → 行

　　當道路與道路交會，重疊的部分就稱之為路口，路口的車流量比較大，通常需要由紅綠燈或是交通警察指揮，才能確保大家的交通安全。

　　「行」字在古文中的字形看起來就像一個十字路口，中間是道路的交叉點，上下左右各有四個分岔道，用來代表四通八達的道路。由於我們把人們行走的地方稱為道路，所以「行」字又有前進的意思，例如健行、行星。

46

小教室：

「行雲流水」是指書畫文章或者人的表現自然，像漂浮的雲朵、流動的水源一樣靈動不受拘束。

想練出一手好字就得多多練習，要是能夠長久堅持，或許就能達到行雲流水的境界喔！

給孩子的
漢字故事繪本

編著 — 鄭庭胤　　　繪圖 — 陳亭亭

責任編輯：練嘉茹

封面設計：小草　馬楚燕

出版 / 中華教育

香港北角英皇道 499 號北角工業大廈 1 樓 B

電話：(852) 2137 2338 傳真：(852) 2713 8202

電子郵件：info@chunghwabook.com.hk

網址：http://www.chunghwabook.com.hk

發行 / 香港聯合書刊物流有限公司

香港新界大埔汀麗路 36 號 中華商務印刷大廈 3 字樓

電話：(852) 2150 2100 傳真：(852) 2407 3062

電子郵件：info@suplogistics.com.hk

印刷 / 海竹印刷廠

高雄市三民區遼寧二街 283 號

版次 / 2018 年 12 月初版

規格 / 16 開（260mm x 190mm）

ISBN / 978-988-8571-49-9